跟小元谈中国建筑

王镇华 著

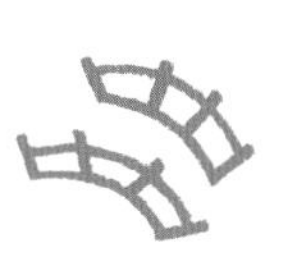
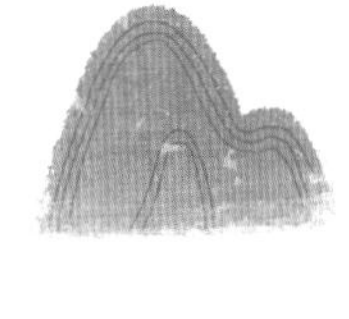

新世界出版社
NEW WORLD PRESS

写给爸爸妈妈的话

孩子每天都穿梭在不同的建筑空间里，住的房屋、路过的商场、读书的学校、参观的殿堂庙宇……但是很少有人能给他们讲讲这些房子的事。繁杂的构造设计、艰深的力学分析、复杂的材料选择等，像“大山”一样杵在孩子面前。

这本给孩子的建筑入门书，是作者给女儿小元讲课的记录。建筑专业的作者说自己最想教孩子的内容，五年级的小元适时提问、反馈，一天左右的时间，就完成了书的主要内容。作者故意跳过了埃及金字塔、罗马大斗兽场、意大利比萨斜塔等大多数孩子无法亲身体验的“遥远建筑”，因为它们容易让孩子“看不见”周边的世界。他从身边触手可及的一栋房子讲到一群房子的整体规划，由点到面勾勒建筑学的“筋骨”，让孩子不陷入建筑知识的重重包围，又能对硬邦邦、冷冰冰的房子产生柔软的情感和温热的兴趣。

作者讲四合院沿用三千年的秘密，也带孩子品味南禅寺没有任何化妆的、落落大方的美，他引领孩子发现平凡的砖瓦木石造出的大方丰富的空间，给孩子质朴的审美观念——“美就存在于平凡材料的组合里，也就是人的构想里”；他解释一群房子的规划，谈几千年来的环境观念，说不清道不明的“左青龙右白虎，前朱雀后玄武”，其实表达了我们对空间环境的诉求，“龙虎形容左右强而有力的护卫，大龟形容背后的坚实（如龟壳）与持久（如龟的长命），大鸟的展翅形容正面的开展”；他看见店铺里大箩大袋的货物，觉得那是大自然慷慨地打开自己的胸膛，任人选择享用，润物无声地把对自然的感激注入孩子心里。

我们相信，孩子将跟随作者温暖的讲述，走出教室课堂，把各处的古迹，甚至楼下的市场，都变成他们学习的素材。有了这样的了解，他们走过的路、看过的景不再是“到此一游”这么简单，他们可能和作者一样，看见屋檐上残缺的滴水就想到老人家掉了牙，也可能思考成片的村庄、都市怎样规划才能和环境做亲近的朋友。日后，小到一个房间、一栋住宅，大到城市、国家，他们都能清楚自己想要怎样的空间。

需要特别说明的是，书中的照片都是 1991 年前的模样，文字中的场景描述也是当时的记录。如果你和孩子去到这些地方，会发现南禅寺路上的土坡已经铺上了水泥，唐模古镇檀干园残留的小桥和水榭也已经换旧如新，凡此种种，我们都遵从作者的意思，保留了这些无人问津的“老人”影像，希望它们以温和的面貌出现在孩子面前时，能唤起他们对老房子的关心，对我们生存空间的关注。

步印童书馆

目录

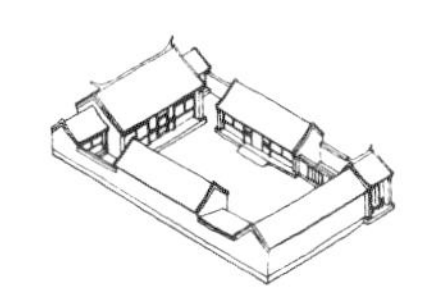

壹·每个人都有个开始

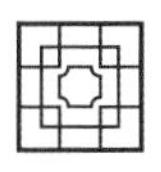

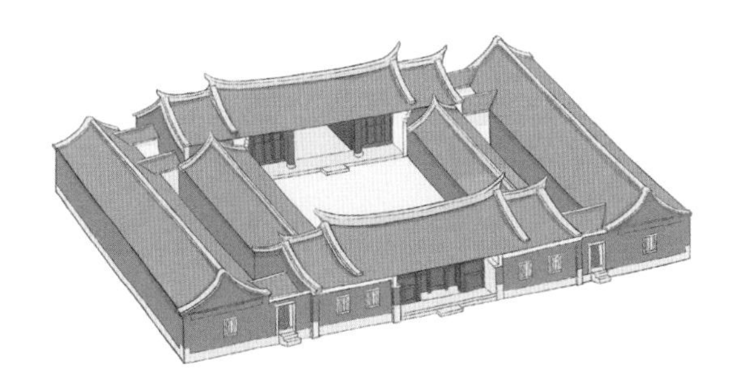

小元五年级，上回跟我去台中东势的云仙洞，她印象很深。今天我就利用假日下午的时间，跟她谈谈中国建筑。

我虽然在大学教中国建筑史，但我接触中国建筑，却是从 1977 年见到台北林安泰古厝（cuò）（图 1）开始的。台南古迹很多，我在成功大学读到研究所，都很少去看老房子，像我们到南鲲鯓代天府或四草炮台，只是去烤肉、踢足球。因为当时我们觉得中国建筑装饰太多，又“千篇一律”都是四合院，所以不想看。

图 1 林安泰古厝（林柏梁摄），清朝乾隆年间盖的。

林安泰古厝在台北四维路，1977 年 4 月的《建筑师》杂志上有人说古厝妨碍交通，是都市发展的障碍，如鸦片、小脚，应该拆除。我想不会吧？我就到现场去看看。刚看到是有点失望的，又脏乱又破旧；可是，要走的时候，却觉得有点感觉被勾起。

图 2　林安泰古厝门厅入口（林柏梁摄）。屋檐边上的滴水（三角形的）掉了很多，像不像老人家掉了牙齿？但是它很温暖亲切。

我也许看建筑的眼睛已经西化了，因为我所接受的建筑教育，绝大部分是西方建筑教育。我也许是被那个宽宽的中庭感动，也许是被那种家的温暖感动（图 2），一下子也讲不清楚。到现在，我研究了 14 年，那种感动也还没完全弄清楚。小元在旁边帮我说："中国建筑有它自己的特色吧！"

贰·想法不同，解决问题的方法就不同

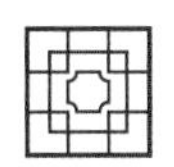

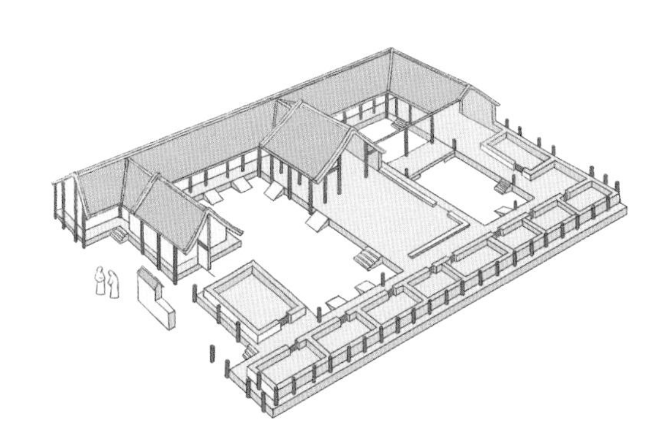

林安泰古厝是一个四合院。四合院是中外都有的居住经验，但绝少有民族像我们这样一直用了三千年。这就牵涉人的思想方式与解决问题方式的不同。

当人类生活复杂后，四合院里一幢一幢房子就会开始跟着复杂，譬如产生中间走廊或往二楼发展，房子的内部开始变得很复杂，这是

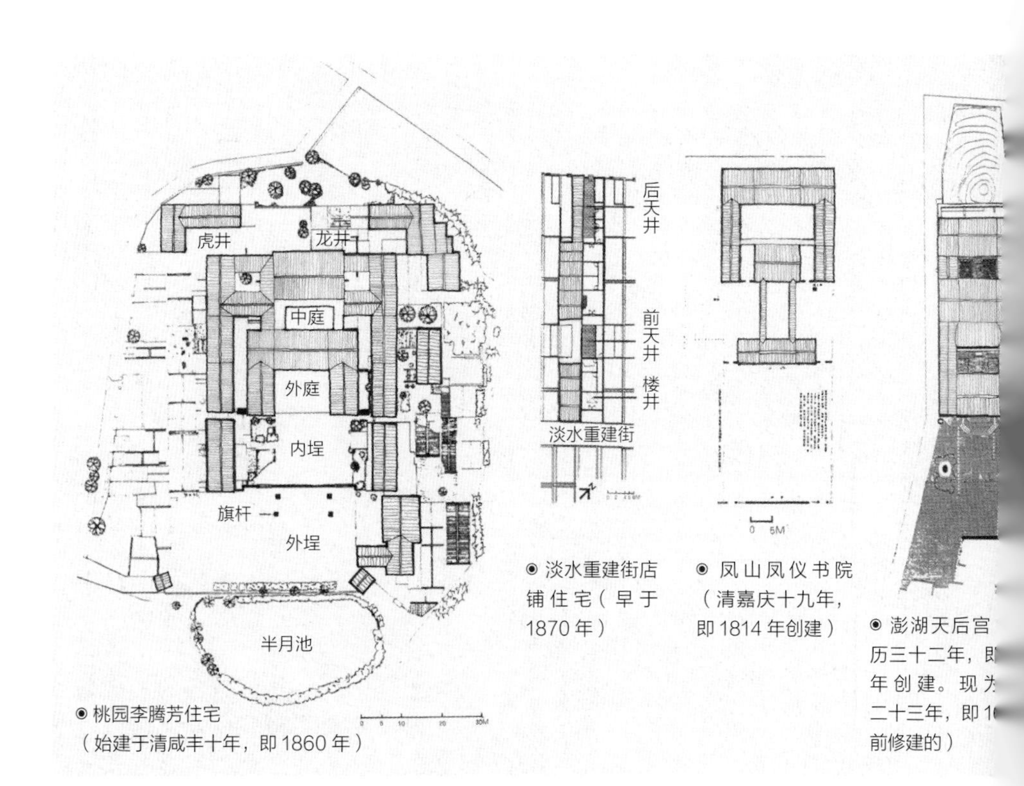

图3 各种类型的建筑，基本上都是四合院的格局。

图 4 陕西黄土窑洞。

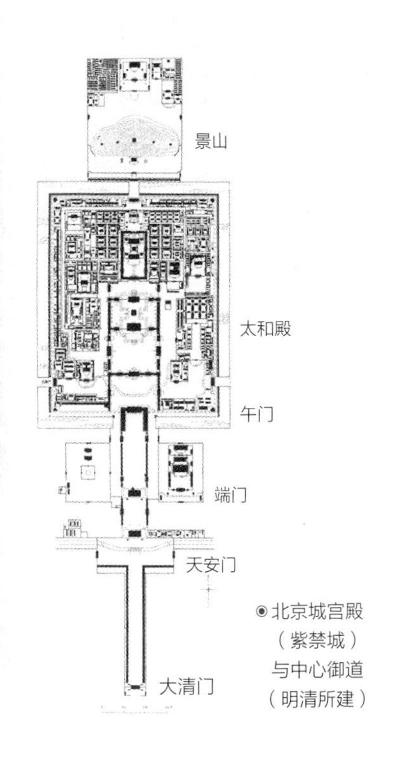

◉北京城宫殿（紫禁城）与中心御道（明清所建）

很自然的。但是，中国先民解决问题喜欢彻底，也就是喜欢从整体、从长远解决问题，因此他们喜欢从长时间经验的累积中，找到一种格局，能满足各种使用与变化的需要。四合院经过长时间精益求精的改良，就是他们找到的答案。

你看，中国的皇宫、庙宇、书院、商店、住宅，这些不同类型的建筑，都采用四合院的格局（图 3）。地理上，大江南北，温带、亚热带，西部黄土窑洞（图 4）或台湾鹿港店铺住宅都是四合院；时间上，1976

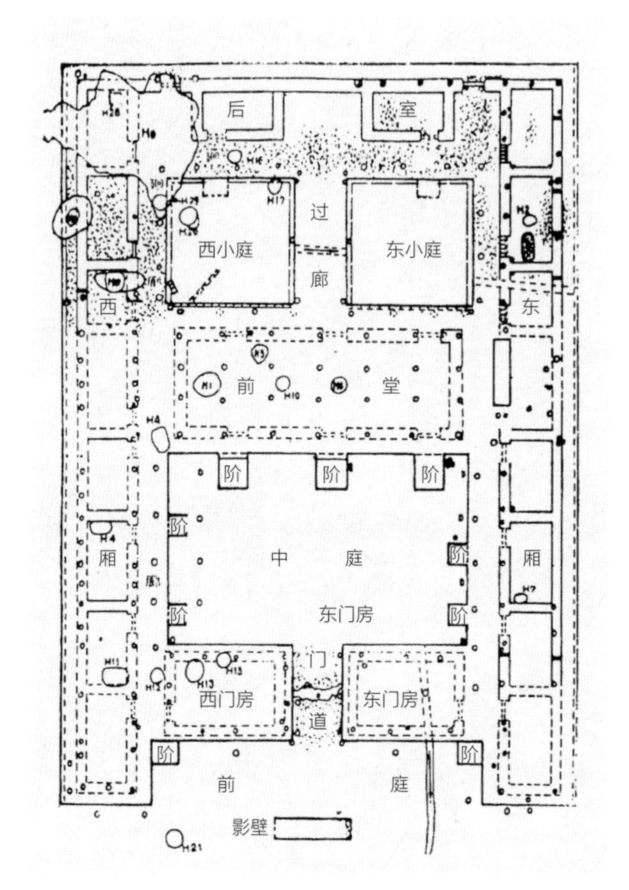

图5　陕西省岐山县凤雏村发现的商末周初合院遗址。

年在陕西省岐山县凤雏村发现的商末周初合院遗址（图5），距今已有三千多年了。三千多年前，合院基本的内容都有了，甚至目前，还有几亿人在用四合院。

一样东西，风行一时不难，能被人用上百年却不容易。若是没有掌握一些整体的精髓，一定会被现实淘汰。那么为什么合院能“千年一律”呢？

我们发现，中国人不放弃四合院，主要有两个原因：一是因为合院的中庭确保了每个房间的质量，我们的住屋不能没有自然气息；二是合院有很高的弹性。你看，每个房间都是接近方形的矩形，这是最

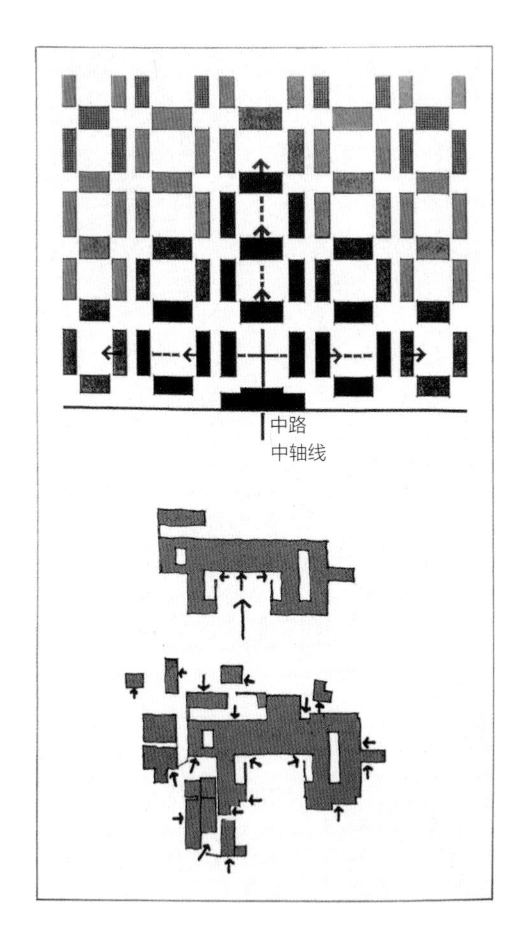

图6 四合院的建筑可增可断、可分可合。左边下图为一实例，箭头表示出入口。

有弹性的房间。

小元说，每个房间都可以做任何房间用。像厢房，可做卧室、小客厅、书房、储藏室等等。然后，随着人口的增减，四合院又最有可增可断的弹性。譬如，厢房外还可增侧院与外厢房，大堂后还可增加一个合院。如果要分家，关了侧门，各厢房就独立从侧院出入（图6）。

古人不论贫富贵贱都住四合院，这就是格局的意义，也就是一种文化的思想普遍深入民间，大家都这么想，也这么要求，这么做。想想看，现在谁能住有院子的房子？

叁·林安泰古厝的故事

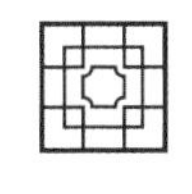

林安泰古厝建于清朝乾隆年间，距今已有两百多年了。林家的子孙林永从先生告诉我，他们祖先为了盖这幢房子，材料都从大陆运来。从淡水口入基隆河，由于逆流而上，所以用驳船拖到剑潭，再沿着新生北路的琉公圳（zhèn）下来，到八德路的图书馆分馆前的一条支沟，向东南经顶好超市前，运到古厝后头的“坡心”码头上岸。林先生还带我到码头“大桥头”一带看过。

盖这古厝是以“孝”为主题。正厅神龛（kān）有一方“九牧传

图 7 “九牧传芳”的匾额。

图 8　大堂神龛、供桌等雕刻都以孝为主题。这是老莱子“戏彩娱亲”。

芳”的匾额（图 7），意思可能是“不忘炎黄子孙，流传祖宗德业”。神龛四周的雕刻，都是有关孝的历史故事。如老莱子戏彩娱亲（图 8）、王祥卧冰、大舜象耕、小羊跪乳、慈乌反哺报恩等。整个房子花了十年的工夫才完成。

一百六十年前，林安泰先生曾留下一句豪语：“有荣泰厝，无荣泰富；有荣泰富，没荣泰厝。”（闽南语念押韵）所以，古厝又叫荣泰古厝。林老先生显然把厝看得比钱重，而且认为太重视钱会失去厝。

当年，我们为了保存这幢房子，写文章、上电视、写联名信给市长。我们很想把它变成社区图书馆，大堂仍做林家祠堂，可以让小朋友随时接近它。不幸，时任市长最后决定把它迁建到滨江公园北侧。他们说要“一砖一瓦编号迁建”，结果砖瓦不见，连石材也大部分不保，只剩梁柱是原材。对我来说，至少它已经一半以上是“假古董”（图 9）。

图 9 迁建于滨江公园北侧的林安泰古厝。与图 1 你看差多少?

破坏古迹是犯法的，请问，修坏古迹是不是犯法？谁该负责呢？我觉得，做错事就要认错，大人也要学会认错，政府官员更要为所做决定的后果负责任。

现在，古厝在高速公路下，空荡荡的（图 10）。四合院没人住就显得空洞。有人住，有人珍惜地用它，四合院的感觉才是完整的，才是活的（图 11）。有的房子会让人觉得人是多余的，那就不好。

图 10 没人住、没人珍惜使用的四合院，就显得空荡荡。

图 11 有人住的就不一样，有人气。这是台中“筱云山庄”的大堂。

肆·一幢建筑的组成

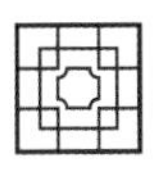

林家古厝比较复杂，其实中国建筑在唐宋以前很简洁，甚至到了元代还蛮简单的。现在，我想让你看一幢唐代的寺庙，叫南禅寺，它已经一千多岁了。

南禅寺不只是中国建筑发展到巅峰时期的一个实例，它还可以说是世界建筑的典范之一。所谓典范是指，它没有罗里吧嗦多余的东西，它是用必要的东西盖出一幢合情合理的建筑。譬如一个人，不用化妆或打扮就很好看，很丰富。小元说，“不假装，自然有尊严”。对！

小元看到南禅寺的照片（图12）“哇！好漂亮。”她轻轻地叫了起来。我问她看见几个颜色，小元说三个颜色。如果灰瓦、白墙不算，它只用了一个朱色。唐朝建筑就以朱和白为主色。你看，是不是很有色彩感？

我们先说明一下，一幢木造房子是怎么组成的，然后再来欣赏南禅寺。

图12 南禅寺，唐代建筑的原貌

一幢房子的组成

房子最先都是为了遮风蔽雨，所以要有个“屋顶”，屋顶的重量经过“梁柱”或墙壁，传到“台基”上，这是房子最基本的三部分。然后装上隔墙、门窗等，所以叫“装修”。为了美观，加一点雕塑、彩画、图案等，这叫“装饰”。最后，把“设备”（如冷暖气）装起来，把“家具”“陈设”搬进去，一幢建筑就算完成。不过，有个重点要说明。

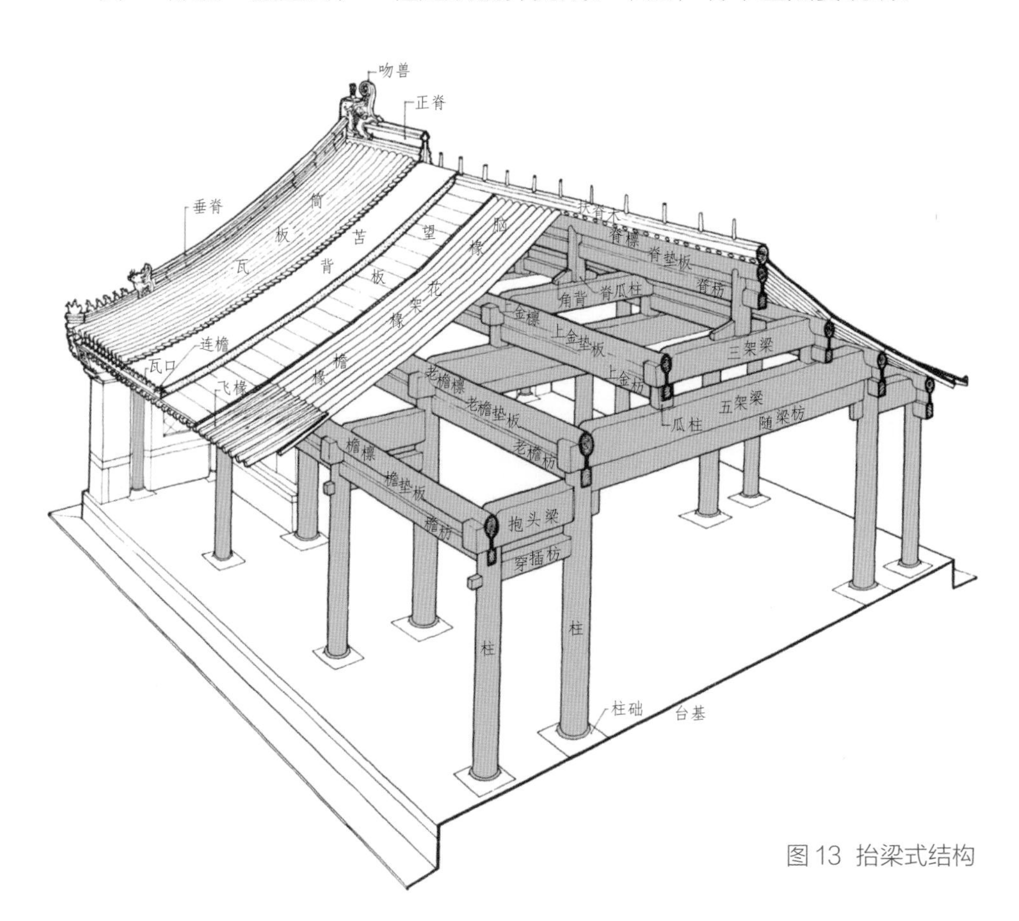

图 13 抬梁式结构

中国建筑的屋顶，常常是内凹的曲线斜屋顶，那是怎么做的？西方建筑为了稳固，常用三角形的桁（héng）架，这样是直的斜屋顶。我们常用大梁抬小梁的方式，造成曲折的屋面，这叫“抬梁式”结构（图 13），它可以造成屋面斜度越来越陡的效果，所以又叫“举架法”，用梁架举起曲折斜屋顶的意思。中国建筑优美的曲线就是靠它构造的。想想看，用钢筋混凝土造的房子，为什么曲线斜屋顶不见了？

再看门窗，你知不知道落地窗是我们发明的？为了开门踩出去就能看到像锦织似的铺面，所以我们发明了落地窗或落地门（图 14）。传到欧洲被叫成“法国窗”，再传回来变成陌生的客人了。

装修与装饰都可以用来塑造空间的气氛，但我们今天装饰的观念有了问题。装饰最好利用本来就有的东西，再加以美化，如把梁柱雕塑化，做成月梁、梭（suō）柱。又如屋脊上的鸱（chī）尾、仙人走

图 14 落地窗，原来是为了要看美丽的铺面而发明的。这是苏州留园。

图 15 装饰把主要的形体都淹没了。图 16 就朴素多了。

兽等，都是有作用的。没有作用的纯装饰，做一个来产生美化效果，也是人之常情，但是，太多装饰把主要形体淹没，那就不好了。譬如现在台湾新庙的屋顶装饰（图 15）、八仙桌的雕刻等。

建筑跟人一样——敢用本来面目待人才是大英雄；能用必要的建材塑造空间才是好建筑。你看，南禅寺优美的鸱尾、椽（chuán）头都是必要的。又如，滴水也是一个好例子（图 16）。

再谈一个设备的问题。冷暖气固然很方便，但它并不适合常需下田劳作的农人；它还有排热气、噪声、隔绝自然空气等问题。以前，农人保暖的方法是把棉被穿在身上——棉袄；在室内用围炉，出门还可用手炉。不要小看手炉，它的灵活性很可能就是白金怀炉的创意来源。你想要知道中国人的创造力或科技头脑，你再大一点，可以去看英国人李约瑟花了一辈子写的《中国科学技术史》。

图 16 把必要的排水瓦件做成美丽的滴水。

知道一幢中国建筑由哪些部分组成以后，怎么盖就容易说明了。盖的过程，一般先买“材料”，再“施工”做成柱梁、门窗等构件，再在做好的基础上搭起来，就是所谓的“立柱上梁”，然后，盖屋顶。三部分盖好后，装修、装饰之后就跟前面讲的一样了。现在，我们就来欣赏南禅寺吧！

南禅寺欣赏

南禅寺在山西省五台山县东冶镇进去的李家庄，重建于唐代德宗建中三年（公元 782 年），距离现在已经一千多年了。它躲过了武宗会昌五年（公元 845 年）的灭佛毁寺，它还经历了无数人为破坏和岁月的剥蚀。一幢一千多年前的木造建筑要遗存至今，实在不容易。它仿佛是历史大门上的一道裂缝，让我们可以透过它，凝视唐代建筑的真貌、唐代雕塑的神采（图 17 ～图 32）。

为了再仔细看一看南禅寺，我在东冶镇农家睡了一晚（图 17）。

图 17

图 18

从东冶镇进去，十多分钟车程，过一条干涸的河流，就面对这片树林（图 18）。也许，因为南禅寺在树林右侧黄土高坡的背后，相当隐蔽，所以能够保存至今。

图 19

有一幢土墙民宅在土坡下（图 19）。看看它的窗棂（即窗格子部分），普通人家简单的做法，很有居家简洁的味道。土坡即在其右。

图 20

上了土坡，南禅寺在望（图 20）。

图 21

原来，南禅寺位居黄土高台上，左右两侧都是崖壁（图 21）。在平地看不到它；在高台上的南禅寺却视野开阔，气势不凡。

图 22

唐代风格的山门（图 22），没有一点多余的装饰，也不觉得单调。朋友阿兰说："门就是门啦！"做人也一样，人要像个人，不要作怪。

图 23

南禅寺西边侧影（图 23），前方为黄土峭壁，我是在外搭的竹架上拍的。

图24

唐代南禅寺大殿（图24），没有雕梁画栋，也不是大红大绿，唐代的东西就这么简单雄浑。维修的姚治来老匠师说它很“秀”，实而美。

图 25

寺内大梁下面有一行字："因旧名，旹（时）大唐建中三年，岁次壬戌，月居戊申，丙寅朔，庚午日，癸未时，重修殿，法显等谨志"（图 25）。创建年代当然比重修年代更早了。

图 26

唐代菩萨的形象是人间的。唐代的人没有把菩萨特殊化，譬如像寿星那样，而是在普通人的形象基础上，用泥巴塑出一种精神，澄明朗朗的，这就是菩萨的原貌，也透露了佛教的原义。这是我看到的最美的唐代原塑（图 26）。佛寺大殿里非常明朗，没有神秘感，却给你一种精神的感动。空气中也流动着一股泥土的芬芳（彩绘中也许拌有香料）。

图 27

南禅寺大殿的西侧走廊，前面是配殿的山墙（图 27）。平凡的材料，如砖瓦木石，却能造出这么大方丰富的空间。所以，美并不存在于特殊的建材、高深的教条，美就存在于平凡材料的组合里面，也就是人的构想里。

图 28

转角柱子上的斗拱（图 28），硕大有力。斗拱是中国建筑的特色之一，它能把屋顶的重量，一层一层集中到柱头上。你看，像不像鸟展开的翅膀？《诗经》上有“如翚（huī）斯飞”的形容，就是指屋角的起翘。

最早的柱础只用一块天然的石头（图 29），稍加凿凸，让柱脚排水容易，不使泡水腐朽就成了。跟我们常见的柱础比较起来，天然柱础别有一番洒脱天趣。

图 29

图 30

西侧配殿山墙屋檐（图 30）。建筑的美感，很重要的一部分是直接来自材料、施工、搭接……的合情合理。那是一种很朴素、很爽朗的感觉。

图 31

南禅寺的背影（图 31）。

图 32

南禅寺东边崖壁下，就看得到黄土窑洞式的住宅（图 32）。这是靠崖窑，还有一种地洞窑。注意树隙草丛里还有两三户。有的靠崖窑内部还是楼房呢！

伍·一个村庄的规划

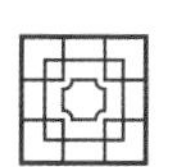

南禅寺是最简单的一个合院。如果是一大群建筑，我们怎么安排呢？这就涉及“规划”的问题。譬如，都市里的天桥，如果规划得好，它可以和二楼店家连起来，这样，行人就不必上上下下，而二楼也可以形成另一层商店街。今天，我们有时缺乏整体的观念，但是我们的祖先可能是最有整体规划观念的哦！这从中国城市、村庄可以看出来。

唐代的长安（图 33、图 34）、洛阳固然闻名中外，明清的北京城（图 35）也是世界城市的典范之一，但我们来看看村庄好了，它更具

图 33 唐代的长安城。

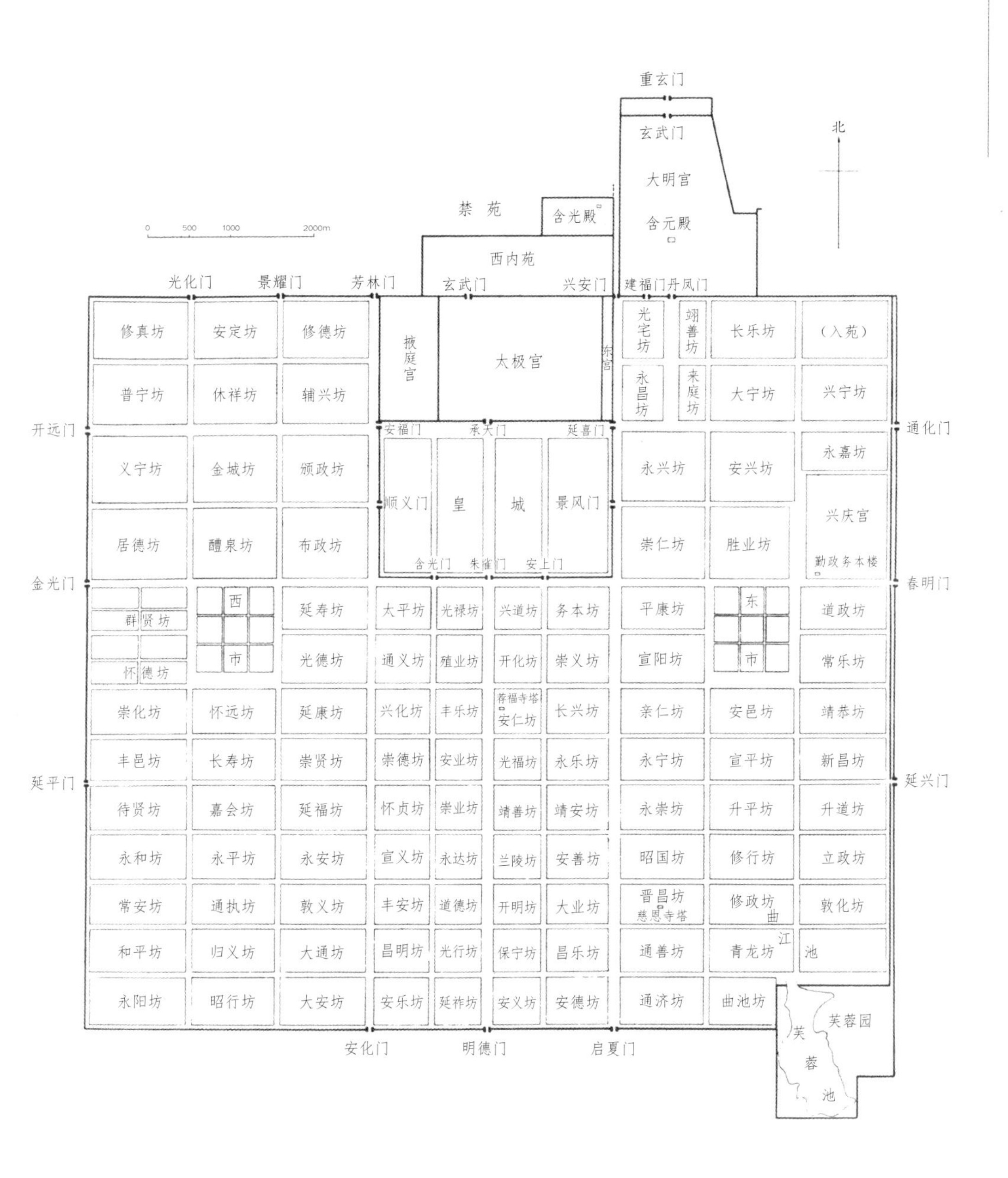

图 34 唐代长安城复原图。

图 35　明清的北京城。

有普遍性。在看之前，一样，我们先谈谈中国建筑一般的规划是怎么做的。什么叫作“整体规划”呢？这可要从一根柱子说到城市与山川形势。

图 36　从一根柱子到城市与山川。

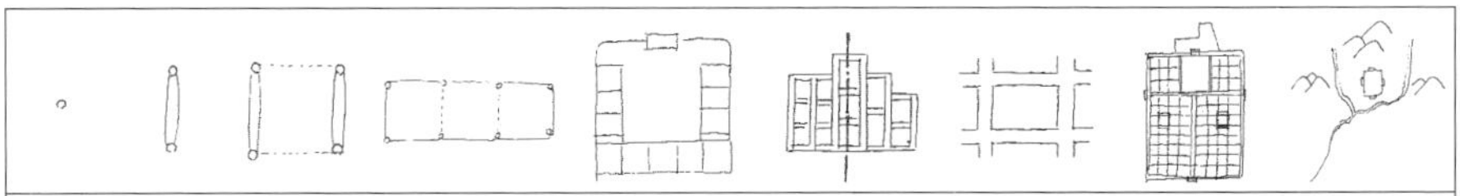

一根柱子	两根柱子的梁架	两根梁架成一间	几间房间	三幢或四幢	一群四合院	一个街坊	一个城市	城市坐落在山水中
可以做成华表	像牌坊	变成一间房屋	变成一幢房子	变成一个合院	形成大家族或村庄。一群合院是以一根中轴线定出秩序，正偏内外就清楚了	四条路围成一个街坊	由街坊组成城市	里面有风水问题

坐山面水的恒春城

我们用恒春城来谈一点环境观念。

一个人站在空旷的大地上，你会不会觉得前后左右有点空？尤其是长时间的感觉，我们会希望背后有个坚实可靠的靠背，左右有所防卫，正前方不要有东西挡住，要开展，这就是古人所说“左青龙，右白虎，前朱雀，后玄武”。利用四种动物来形容前后左右四种空间需要的特性：龙虎形容左右强而有力的护卫，大龟形容背后的坚实（如龟壳）与持久（如龟的长命），大鸟的展翅形容正面的开展。小至一张太师椅、一间房间、三合院，大至城市与周围山川的形势，我们都要求“左右护卫，后靠前开”。所以，厢房在台湾又叫护龙。

我们现在来看看恒春城，它跟台北城都是清朝刘璈（áo）规划的。中央山脉到了南端只剩丘陵，到了恒春一带还有几座山，恒春城就坐落在山水之间（图37），它是坐山面水，也就是坐东朝西（朝大陆方向）。恒春城警察局（图38）是以前的县衙门（像市政府），它背对三台山（图39）；恒春城

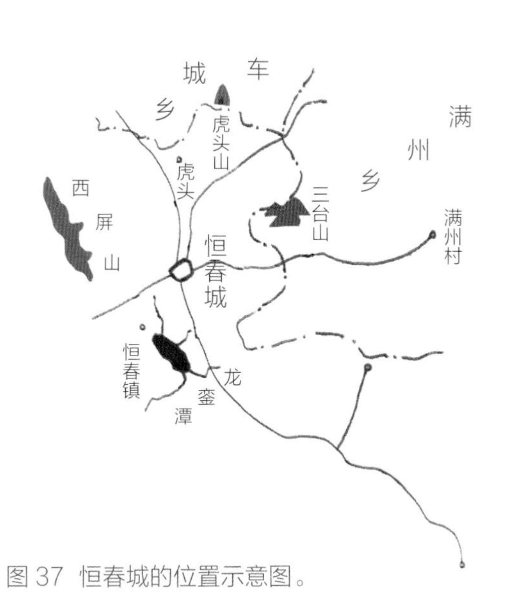

图37 恒春城的位置示意图。

南门与北门都对准了城北的虎头山（图 40 ～图 42）；城南有个龙銮山，城西面海方向有一条低低的西屏山（图 43）。

这样把整个城跟山水呼应起来，当然有防御作用，有风向日照的考虑。另外，它还提醒人要与大自然调和，大如城市也要与山水做朋友。想想，走在恒春路上，看到对山，想到城被山水环抱，会不会觉得人跟大自然比较亲？

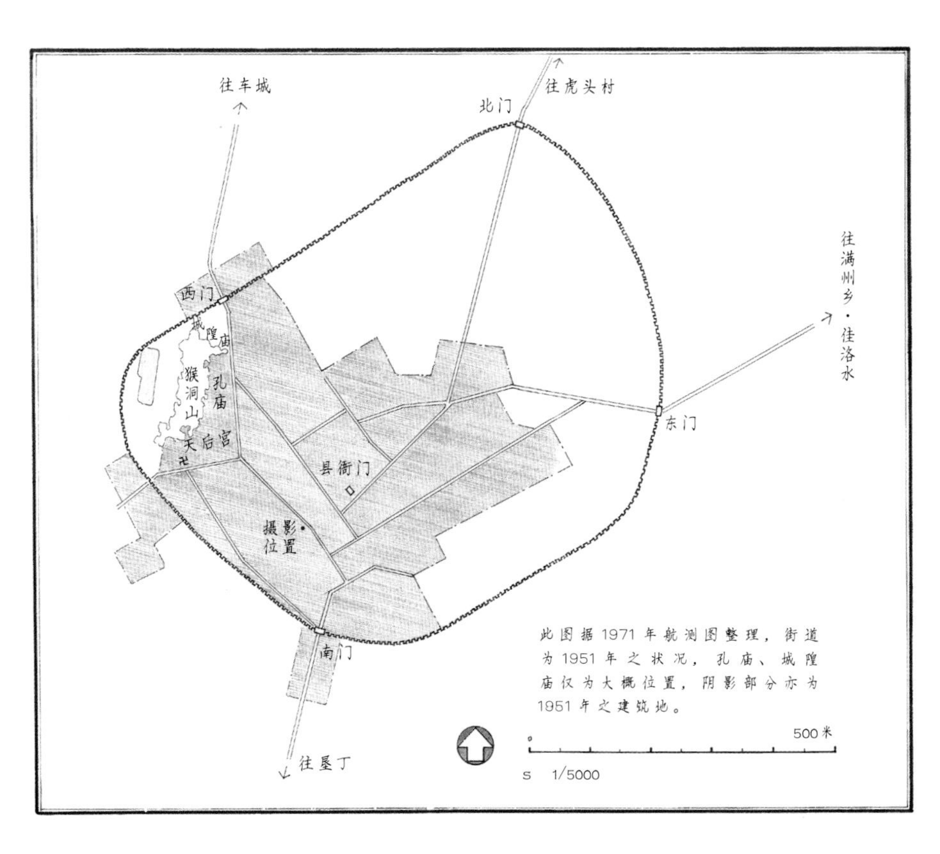

图 38 恒春城配置图。

图 39 恒春县衙门，背靠三台山。

图 40 南门门洞中的虎头山。

图 41 北门，在虎头山下。

图 42 北门门洞中的虎头山。

图 43 恒春城城西面对台湾海峡方向，看到的西屏山。

唐模水街村欣赏

好了，我们赶紧来看安徽省南部，黄山余脉下的水街村——唐模。它除了呼应山水，还让我深深感受到中国文化在它身上流露出来。我们一道来体验一下，那样的空间、那样的村庄组织，跟工商社会的都市环境有什么不同（图 44 ～图 63）。

图 44 是唐模村全村配置示意图。配置就是大的安排。示意图是凭想象画的，没有经过精确测量。

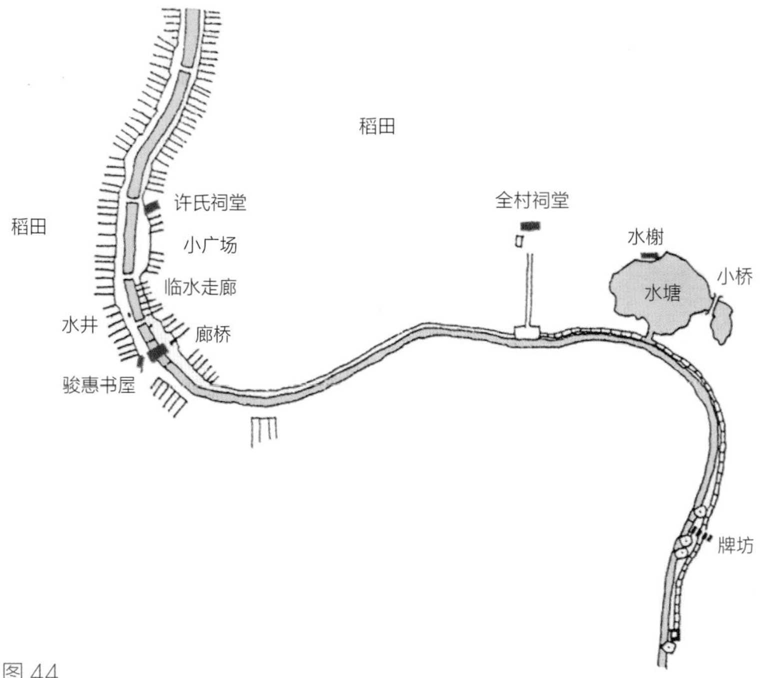

图 44

图 45 是村子口的长亭。

以前的生活，一切以感情为重，整个村子的安排就是要让人们活在一个深厚的感情世界里。

古代交通不便，离别是一件大事，真的是再见之后未必能再见。

所谓“离别多，欢会少”，人生相聚，见一次少一次，令人很是珍惜。长亭站在村子口，正说明了这种情绪。

记得梁山伯祝英台的十八相送吗?

长亭短亭就从这里开始。

图 45

图 46

图 46 是代表荣誉的牌坊。

有钱、有势在古代未必是荣誉，能带给整个村子生活改善与光荣的，才是真正的荣誉。所以，在村子口的第二站，设立了康熙时代许承宣、许承家两兄弟同时当上翰林的牌坊。我最感动他们对价值的处理：牌坊就安排在大树、溪畔这么自然的环境里，这是一种对生活的尊重，这才是文化。文化不必集中在都市或文化人身上，文化应该是每一个普通人心里都能感觉到的。

图 47

图 47 中牌坊左边有个“整流坝”。

一方面，它调整了水流的速度，方便村人用水；一方面也选择位置，作为点缀风景之用。

全村有三四个整流坝，都放在村庄重要的地方。

图 48

图 48 是檀干园的遗迹——残留的小桥、水榭。

相传清朝初年，村里有位富商的母亲想去杭州西湖一游（汽车车程要四五个小时），但她太老了，怎么办呢？做儿子的开辟了这座“檀干园”，又叫小西湖，满足母亲心愿。池塘、小桥、水榭（水边房子）、倒影，在走进村子的路上，平添了一些诗意，一些明静的气氛。

图 49

图 49 是全村祠堂，后景即村庄。

左边远方一群建筑即村子所在。右边一幢大房子即祠堂。

图 50

从溪边到祠堂，将近一百米（图 50）。

图 51

图 51 是祠堂的正面。两侧的“封火山墙”（即“马头墙”——编者注）本来是为木造房子万一失火，隔绝火势蔓延用的。山墙一砌高，造型就难弄了，匠人很聪明，把山墙砌成阶梯状，墙头加瓦顶，这样一来反而化困难为特色——这叫“逆来顺用”，这是很积极、很有创造性的态度，值得我们学习。你看，封火山墙加上镂空的屋脊（叫西施脊），简单而有效地凸显了造型的美感。20 世纪六七十年代后，这祠堂是做牛棚使用，中间五面砖墙是后来才加的。这也许是世界上最昂贵的牛棚。我想，你一定想知道祠堂是什么吧？

祠堂不是祖先崇拜，而是王道文化的表现。

什么是王道文化?

——在血缘辈分的基础上，讲究德的尊卑。

什么是尊卑？是阶级吗?

——尊卑不是阶级，而是德的多少。

那“德”是什么?

—— 德就是生活里自己成长的心得、实践的心得；古代由心得多少决定德的尊卑。

譬如，君子、小人（普通人）就是一种尊卑。只想自己的就是小人；自我要求高，还为别人想的就是君子。

有钱、有能力、有知识都不一定是尊。

像曹操，“宁愿我负天下人，不愿天下人负我”，他再聪明还是小人。小元说，“那么诸葛亮是君子喽?”是的。

对了，祠堂就是价值的安排，定人与人的秩序。一般情况，人死后，牌位按辈分年龄排，德位崇高的，就按尊卑排。祖先崇拜是对血缘的神秘信仰；德（成长心得）的尊卑却全靠自己，是明朗的，可以自己努力的。

图 52

图 52、图 53 是村庄入口。

在水街上架起廊桥（在桥上加走廊），左右各一拱门，这是整个村子的出入口，廊桥正面已经毁坏，由背面（图 52）可以想象原来的样子（图 53 是廊桥正面，根据村民告知，正反两面相同，故用技术复原）。你看感觉好不好？村人进出村子时，在廊桥上走动、驻足，面对整个村子的感受——你离乡也好，回家也好，整个村子都在你的印象里面——那就是一种根的感觉。

图 52 右侧二楼小屋叫骏惠书屋，就是全村小孩读书的地方。

图 53

图 54

图 54 是在廊桥上看到村子里的景象。

图 55

图 55 是水街街头上的杂货铺子。

布店、杂货店、小饭馆，五六间铺子聚集在水街街头，一方面它是村人出入的必经之地，又是人们购买日常用品常去的地方；另一方面坐在临水走廊的椅子上（原来是美人靠），眼前有最好的风景，这样的条件，自然使这里成为全村的“客厅”，村外村里的消息不胫而走，老幼村人也无不相识。

图 56

图 56 是村子中心的小广场。右侧已出现新盖的二楼洋房。

图 57

图 57 中可以看到曲折水街旁边的小角落。

除了廊桥之外，水街靠四五条小石桥连通。走过广场前的小桥，这是回头看杂货铺的景象。水边曲折的水街，形成许多小角落，这些亲切的小空间很重要。因为有了这样的小空间，才会产生属于你自己的生活经验，有你自己的故事，而有故事才有记忆，才能活在一个有回忆、有感情的环境里。想想，为什么都市里这些小角落不见了？

小元说，“因为比较浪费”。我想到画设计图用的平行尺……你说呢？小元还说，“蹲在路边会很害臊，有小角落就好多了”。

图 58

图 58 是从对岸看杂货铺。

这群从明清两代传下来的民居，历经数百年的风吹雨打和重新分配，我们只能说：它仍然赤裸裸地站在那里，没有钱修，没有保护，却仍然屹立。

图 59

走出村子，溪边洗衣的妇女正忙。左侧路旁有石栏杆，即全村祠堂的起点（图 59）。

图 60

青石板路一直铺到村子口。牌坊与长亭的距离，隐约可见（图 60）。

图 61

图 61 是牌坊前的石狮子。

好的造型都是这样，一半写实，一半想象。因为这样既有狮子的造型，又容许你自由想象。

图 62

图 62 的长亭是入口，也是出口。

路旁田里正在盖“贩厝”（专门用来卖的房子——编者注），村子里也在拆旧建新。你觉得盖新的，一定要拆旧的吗？传统与现代一定不能和谐并存吗？小元说，“不一定”。

我认为文化就是找到衔接点：

有现在，也有过去、未来；

有我，也有别人；

是旧的，也是新的。

一个有文化的环境，就是“在新旧的交融之中，我们感觉到生命力在延续，感情在积厚，思想在开阔”。好东西应该是用心感人，充满精神，不需要新旧对立。

唐模水街村不是孤立偶发的例子。在它旁边十分钟车程的棠樾（yuè）村，村子口还有七座牌坊呢（图 63）！每个村子对水的处理也许不同，但农村对水的重视是一样的。从唐模村的整个安排上，我体会到村与山、水的紧密关系，我体会到建筑的个性、群性与历史感——它已经超越了个人与集体的对立，超越了现在与过去的脱节，超越了人为空间与自然环境的疏离。

建筑，整体的村庄环境，真的使“短暂人生的今生今世”活起来，变成“性情敦厚的悠悠岁月”。这几句话你懂吗？可以去和爸妈或老师讨论。用大气魄的心、长久的心来设计建筑，房子还是会坏，但它给人心头的感觉却可以很温暖、很持久，好像天长地久一样。

图 63

陆·都市里的迪化街

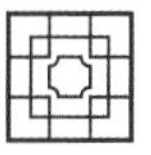

农村可以规划得这么美，都市呢？

我们最后来看看台北迪化街吧。你一定从报上看到有人要拆迪化街，又有人要保护迪化街的消息。到底迪化街有什么重要呢？那样做生意有什么好呢？小元去过几次，她说，“去那里买东西可以试吃，卖的东西比较实在，房子种类很多，店里摆的货都比较活泼，还有垃圾比较少”。小元说的，有的我都还没想到。我想到下面几点：

图 64 棺材店。不要怕，人都有生老病死；坦然面对死，就知道珍惜生了。

图 65 附近的草药店。

（一）走进迪化街，气氛上，你的感觉会慢起来，有一点闲，比较有人性的感觉。小元说：“对，感觉不一样，比较好玩。”

（二）行为方面。你看他们买卖的东西，生老病死的都有，也就是食品店、药店、医院、棺材店都有（图 64、图 65）。同时，你能看到一些原料或半成品的店，像染布的染料行、蔬菜的种子店（图 66、图 67）。这些很多都是百货公司、超级市场里看不到的。他们买卖的方式、态度也不同，正如小元说的可以试吃，还会教你如何染布、怎么种豆芽……他们不会赶你、催你。当然超级市场有它的方便、干净，但没有迪化街有人情味。这两年迪化街赶卖年货，摊主的态度有点变了，好像有些外来人。

图 66 染料店。他还会教你怎么自己动手染布。

图 67 蔬菜的种子店。

图 68　这是归绥街，原先从迪化街能看到淡水河，现在却被高墙隔断了人与水的亲近。你看怎么设计，才不致完全隔绝人接近水面呢？

（三）环境空间方面：

（1）迪化街原来与淡水河平行（图 68），街头有霞海城隍庙（图 69），旁边贵德街上有清朝外商的洋行与住家等，这些水、庙、洋行当然关系大稻埕（chéng）开发的历史。

图 69　街头的霞海城隍庙。你看，是否是又一个“装饰淹没主体”？

（2）迪化街上的正面，高度很适合人的尺度，不压迫人，各种立面表情很多（图 70 ～图 72），也意味着当时人对外来文化的反应。大街里有很多曲折小巷，至少有三种之多（图 73 ～图 75）；有很多小角落（图 76），跟水街村的小角落一样重要。小元说，“垃圾少，也许商店背后有后巷”。鹿港九曲巷的后巷，就有运货交通、邻里交往、小孩游戏等多重功能，比今天后巷的处理积极高明多了。

图 70 传统式店面

图 71 西方柱廊式店面

图 72 西方巴洛克式店面

图 73　2 米多宽的小巷，二楼高，有厚重的石壁。

图 74　1 米宽的小巷，上头还有过巷楼跨过巷道上方。

图 75　一楼高的曲折小巷。

图 76 曲折的路就会产生许多小角落，现在都用来堆杂物，可惜了，摆摊子、坐谈倒还可以。最好是交谊性的活动，这样自然敦亲睦邻。

（3）店铺货物陈列的方式，大箩大袋的南北货、山产、海产（图 77），就像大自然打开它的胸膛，任你选择，任你享用；你可以感觉到大自然的慷慨，而走进超级市场，那种感觉都被包装隔掉了。

图 77 你看大箩大袋的，有山产有海货，大自然好慷慨，人要珍惜地用，不要太贪、太浪费了。

图 78 用小天井隔开店铺与住家，天井显得很安静。

（4）也许，很少人有机会进入店铺后面的住家，那是很安静的。这是“店铺住宅”或旧称“街屋”的好处之一。商店在前，中间隔一个天井，后头住家就很静了，颇有遗世独立的味道（图 78）。住商合在一起还可减少交通量，增加安全感。美国洛杉矶市有一个新盖的更新区，都是工商办公楼，很美，下班之后却没有人敢进去，因为人少，很容易被抢。所以，分成住宅区、商业区，一区一区的，想起来很合理，住起来也许另有问题产生。总之，经验仍是人类解决问题必要的参考，尤其长时间累积下来的经验结晶更是珍贵。这跟长时间养成的坏习惯是两回事，不要混在一起。

你想想看，从和平西路一转进迪化街，好像走进时光隧道，有这么多历史的经验可以重新体验，你说，值不值得为台北市民、台湾百姓，甚至外来客人保留迪化街?

当然，有价值的东西我们要用实力去保护它，不能要求店家牺牲，不盖大楼。我们可以减免店家的税，甚至他们没盖的楼，可以在别的地方盖。

部分官员、部分屋主认为旧屋一定要拆，以为盖高楼有钱赚，又进步（小元说，“像美国一样”），这样对吗?

哦，我差点忘了，迪化街也是四合院的变形。你想想看为什么?

柒·用心慢慢体会

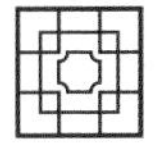

当然，中国建筑还有好多可以谈的，不要急。尤其中国的东西，都要用心去体会，光是听、光是理解还不够，要亲自去体会，住得越久越明白，它有它自己的道理。

中国建筑发展最丰富的内涵，在中国庭园里，以后有机会再跟你谈。中国建筑自然也有它的缺点，像潮湿、阴暗、不够牢靠等，我们也要反省改进。态度上，不可以一味都是自己的好；更不可以看不懂自己的好，就说没用了。你看，还有人把中国建筑的精华，用在今天的住宅里、商店里、办公室里（图 79），它是不是又传统又现代？传统与现代不一定冲突。自己内心贫乏、冲突，看外面冲突就多了。

中国建筑已经被我们疏忽了好久，它要是知道小朋友在关心它，它一定很高兴。但建筑跟生活是分不开的，你了解父母或祖父母的心情吗？尤其是乡村地区的爷爷、奶奶，说不定他们也被我们疏忽很久了。去，快去问问他们以前在四合院里是怎么生活的，那样的居住感觉跟住都市公寓有什么不同？

图 79　王大闳（hóng）先生设计的石牌自宅（王立甫摄），传统与现代不冲突，我跟王大闳先生学到很多。

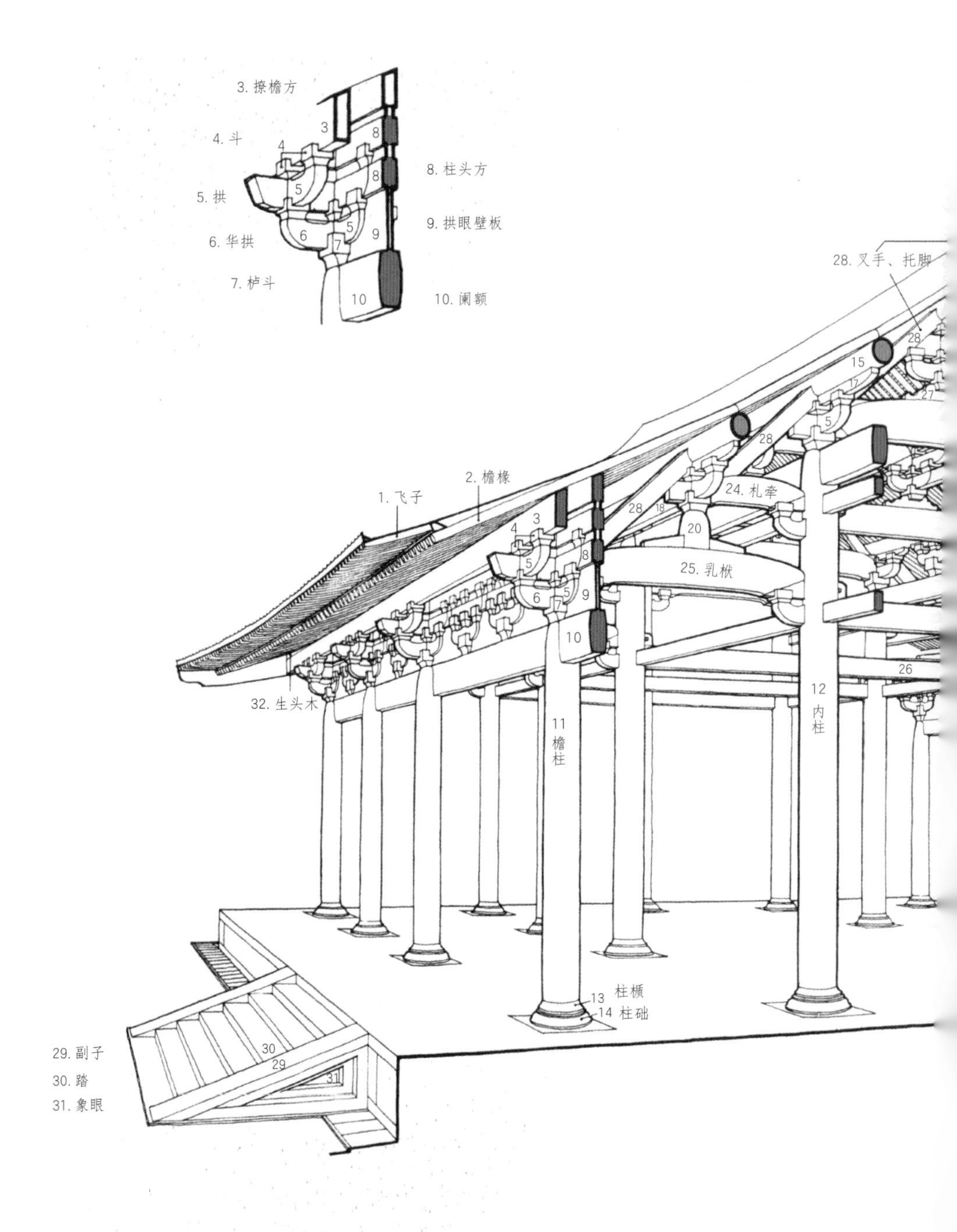
3. 撩檐方
4. 斗
5. 拱
6. 华拱
7. 栌斗
8. 柱头方
9. 拱眼壁板
10. 阑额
28. 叉手、托脚
1. 飞子
2. 檐椽
24. 札牵
25. 乳栿
32. 生头木
11 檐柱
12 内柱
13 柱櫍
14 柱础
29. 副子
30. 踏
31. 象眼

名词会随时间、空间而繁衍。传统建筑的名词，在各地方的称呼与宋朝、清朝有很多不同，甚至老师传的叫法也不同，但有一点相同——各种叫法一定有它的道理（图80～图82）。你可以把它记下来，做比较，找出为什么这样称呼，这是很有意思的。

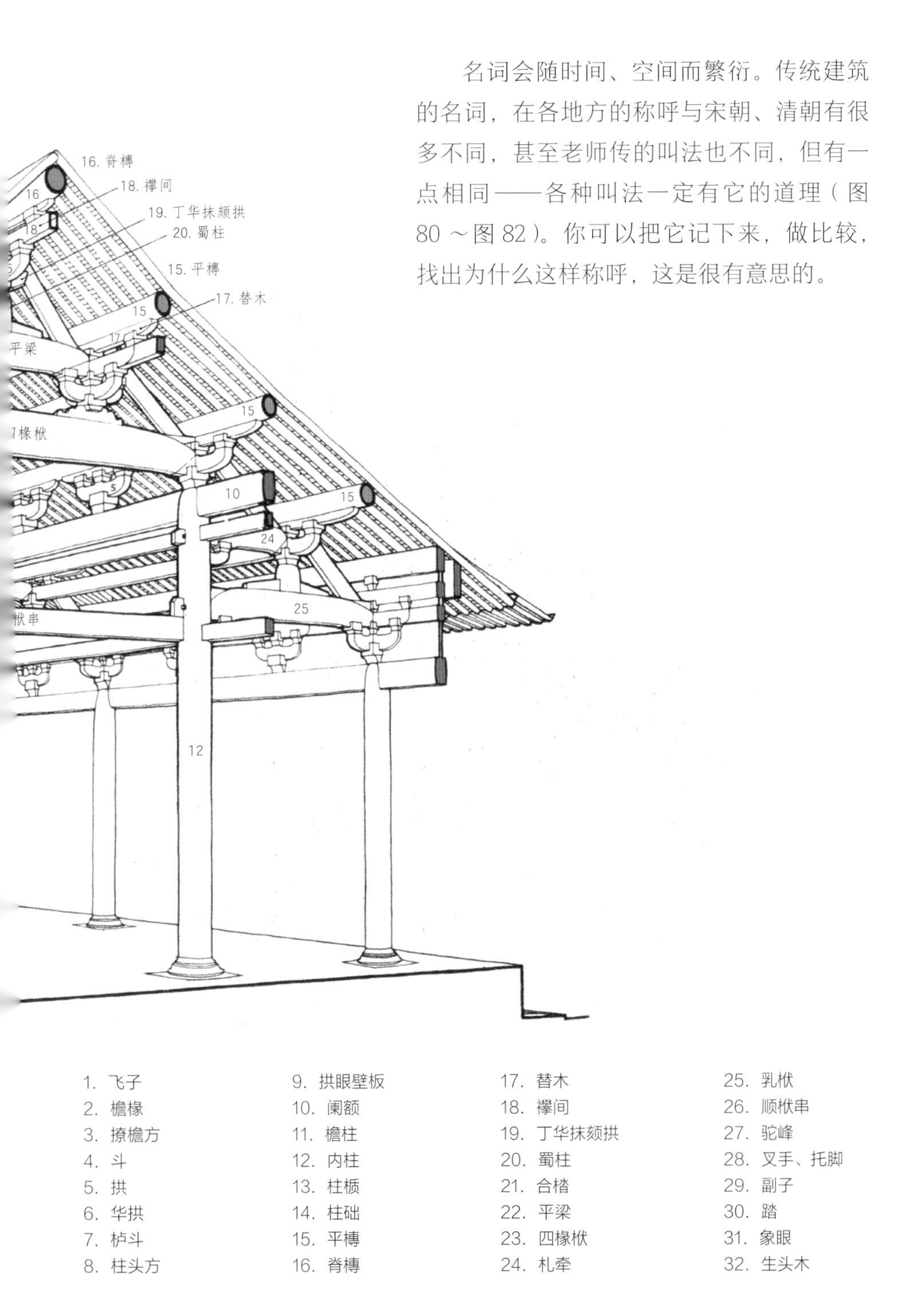

图80 宋《营造法式》大木作制度示意图（厅堂）。

13. 正心桁
9. 平板枋
4. 大额枋
6. 由额垫板
5. 小额枋
10. 上檐额枋
11. 博脊枋
35. 溜金斗拱
34. 飞檐椽
33. 檐椽
21
19 童柱
20. 双步梁
36
8. 挑尖梁
10
11
16. 随梁枋
10
34
33
4
3
35
8. 挑尖梁
4
7. 挑尖随梁
6
5
12
12
12
走马板
1 檐柱
2 老檐柱
3 金柱

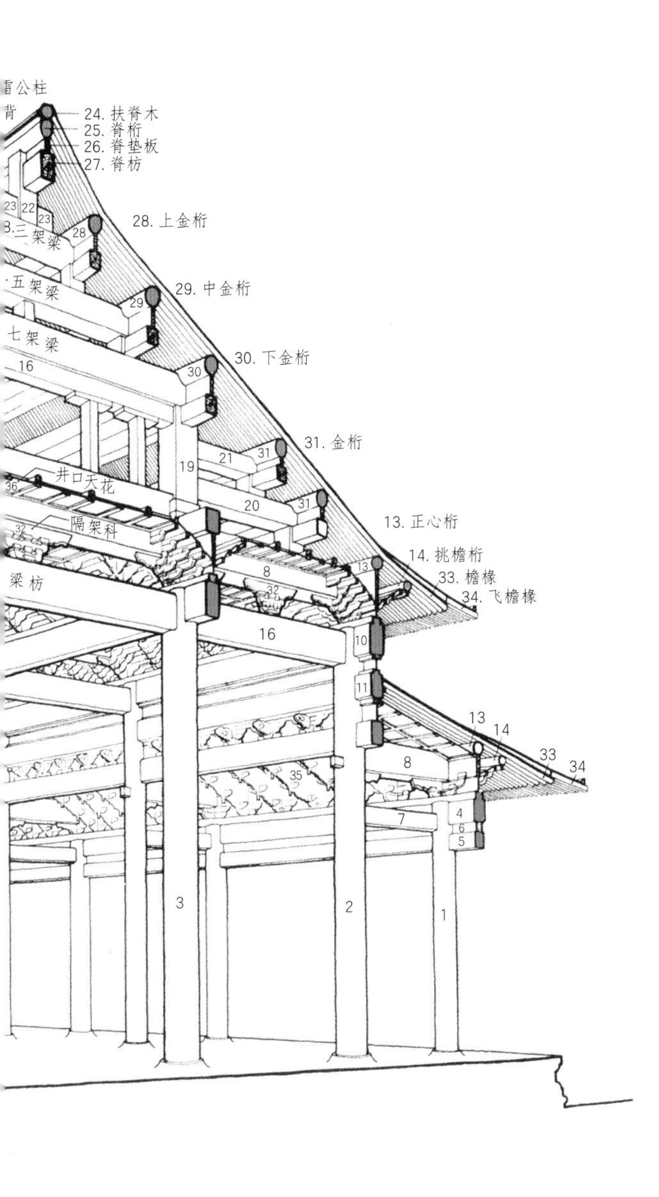

1. 檐柱	7. 挑尖随梁	13. 正心桁	19. 童柱	25. 脊桁	31. 金桁
2. 老檐柱	8. 挑尖梁	14. 挑檐桁	20. 双步梁	26. 脊垫板	32. 隔架科
3. 金柱	9. 平板枋	15. 七架梁	21. 单步梁	27. 脊枋	33. 檐椽
4. 大额枋	10. 上檐额枋	16. 随梁枋	22. 雷公柱	28. 上金桁	34. 飞檐椽
5. 小额枋	11. 博脊枋	17. 五架梁	23. 脊角背	29. 中金桁	35. 溜金斗拱
6. 由额垫板	12. 走马板	18. 三架梁	24. 扶脊木	30. 下金桁	36. 井口天花

图 81 北京故宫太和殿梁架结构示意图。

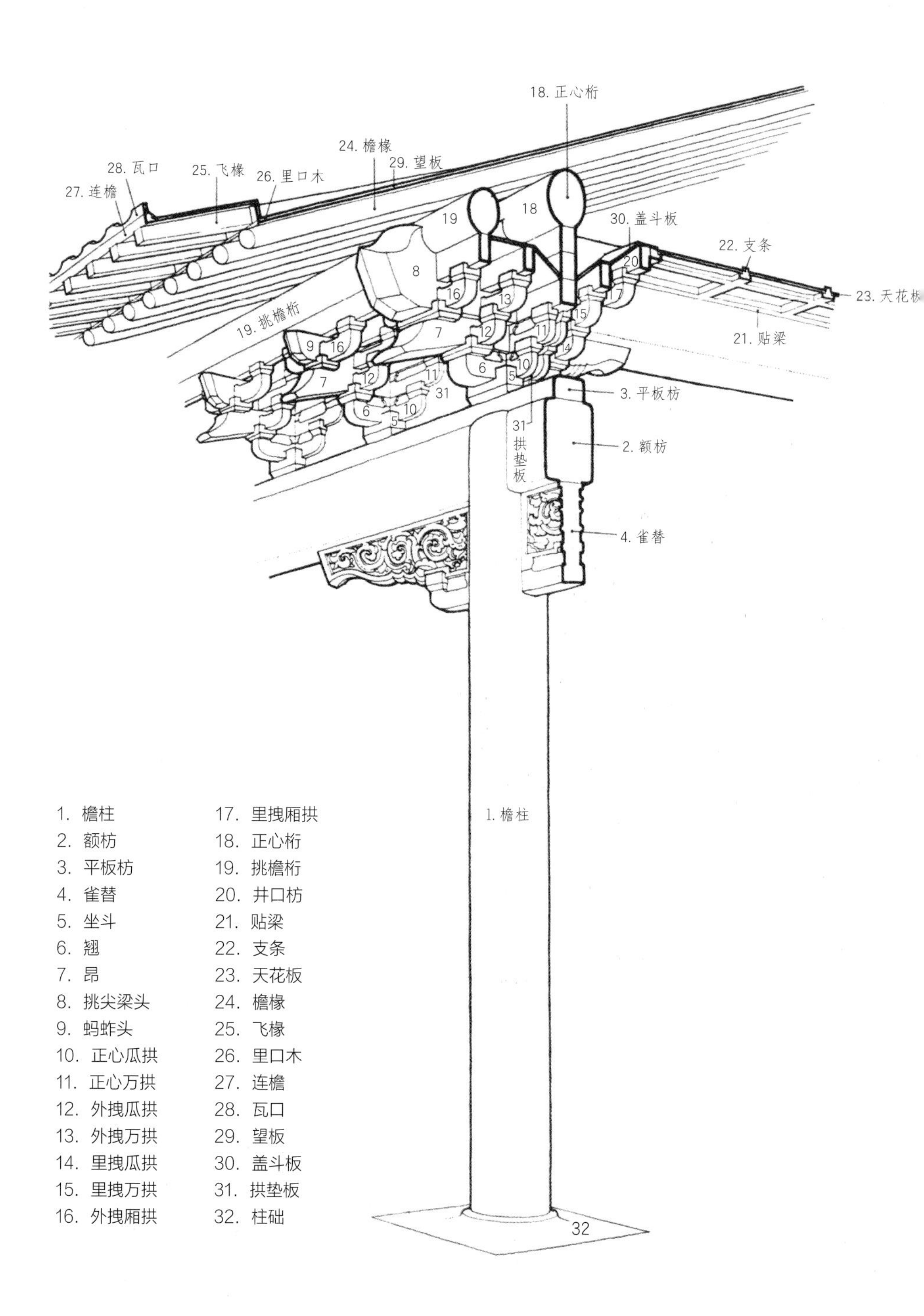
18. 正心桁
24. 檐椽
29. 望板
28. 瓦口
25. 飞椽
26. 里口木
27. 连檐
30. 盖斗板
22. 支条
23. 天花板
21. 贴梁
19. 挑檐桁
3. 平板枋
2. 额枋
4. 雀替
31 拱垫板
1. 檐柱
32
1. 檐柱
2. 额枋
3. 平板枋
4. 雀替
5. 坐斗
6. 翘
7. 昂
8. 挑尖梁头
9. 蚂蚱头
10. 正心瓜拱
11. 正心万拱
12. 外拽瓜拱
13. 外拽万拱
14. 里拽瓜拱
15. 里拽万拱
16. 外拽厢拱
17. 里拽厢拱
18. 正心桁
19. 挑檐桁
20. 井口枋
21. 贴梁
22. 支条
23. 天花板
24. 檐椽
25. 飞椽
26. 里口木
27. 连檐
28. 瓦口
29. 望板
30. 盖斗板
31. 拱垫板
32. 柱础

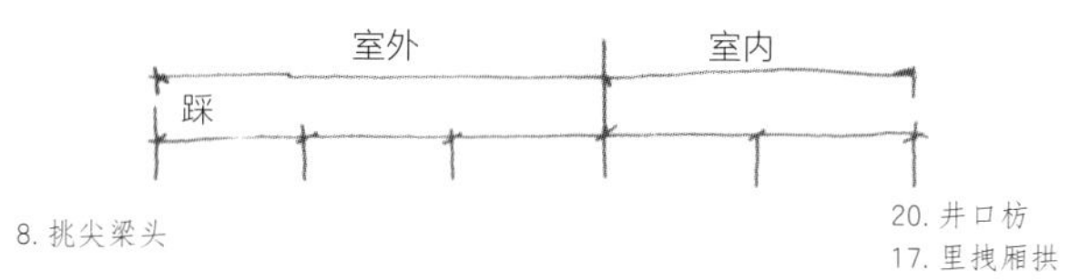

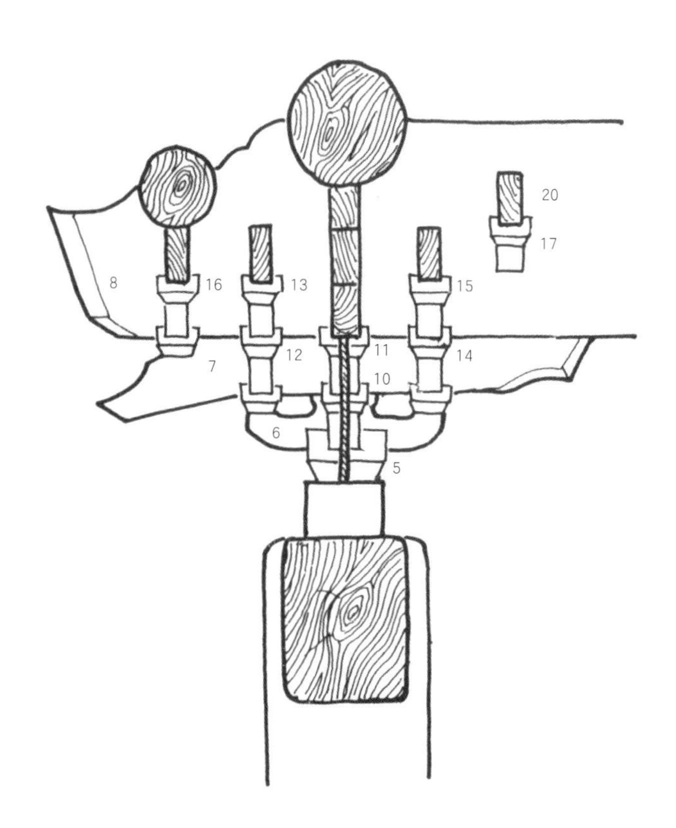

图 82（组图） 中国古代建筑斗拱组合（清式五踩单翘单昂）。

历代尺度简表

中国古代尺度中的丈、尺、寸、分为十进位，1丈 = 10尺 = 100寸 = 1000分。

每步为6尺时，1里合300步；每步为5尺时，1里合360步。

1里 = 1800尺。

历代每尺长度折合公制略如下表：

朝代或时期	每尺折合公制
商	0.169米
战国	0.227~0.231米
西汉	0.23~0.234米
新（王莽）	0.231米
东汉	0.235~0.239米
三国（魏）	0.241~0.242米
晋	0.245米
宋 梁 南朝	0.245~0.247米 0.236~0.251米
北魏	0.255~0.295米
东魏 北朝	0.300米
北周	0.267米
隋	0.273米
唐	0.280~0.313米
宋	0.309~0.329米
明	0.320米
清（公元1840年以前）	0.310米

附一

读者来信：

这本书脱胎换骨，完全不同于我们过去对中国建筑的印象。作者像一个诗人，透过诗人的眼睛，带我们去看，看到我们童年心中常有的仙境感觉。从小，人都很想看好东西，但看到好东西却又不知道怎么了解，人人似乎都有种“遗憾”。只有天才的敏锐，才能淋漓尽致地欣赏。这本书，并非灌输知识了事，而只点出那些活的“眼”，之后，人人都有了自己完整的体会，自己内心的活泉似乎被引发了，仿佛自己能告诉自己：我懂了，就是这样！只要努力的人，从这里开始去追寻，就是一个起点了。哦！那是一种兴奋。

附二

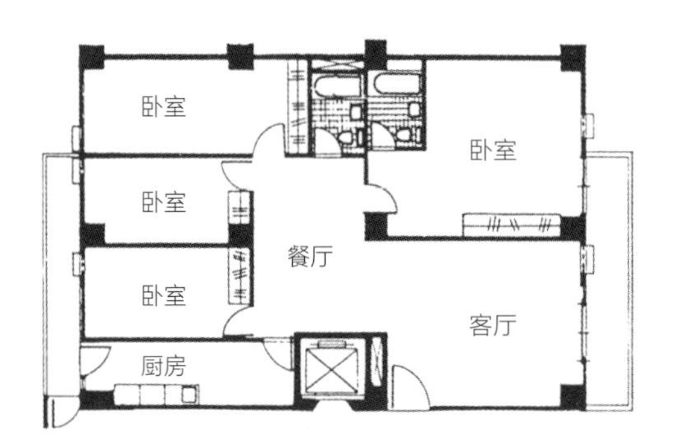

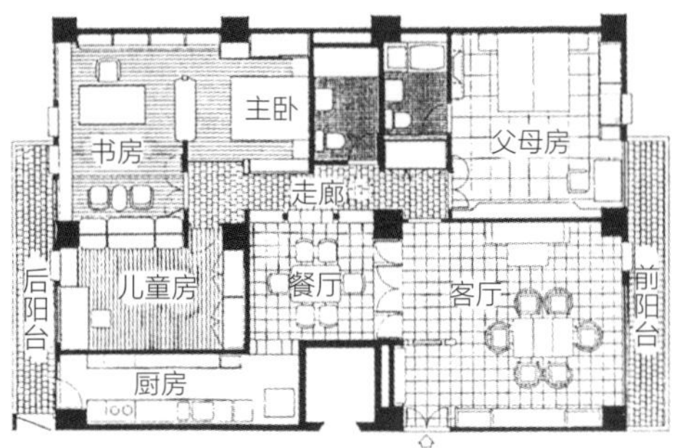

图 83 曾宅，左图是建筑公司原设计平面图；右图是作者王镇华设计平面图。

图 84 曾宅内部，作者王镇华设计。

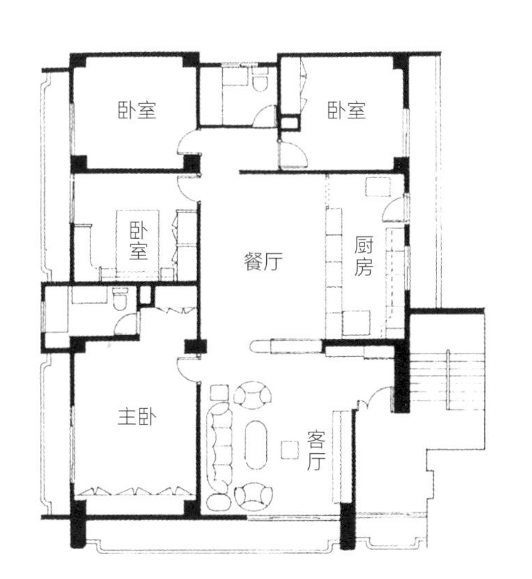

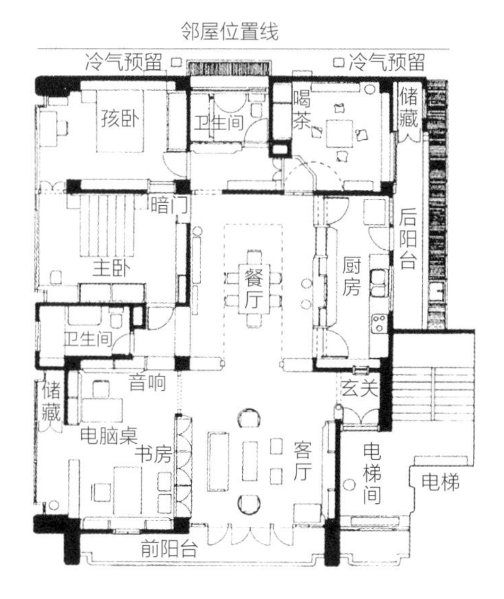

图 85 黄宅，左图是建筑公司原设计平面图；右图是作者王镇华设计平面图。

图 86 黄宅内部，作者王镇华设计。

图 87 王大闳的影响到了第二代。这是学生的毕业设计，从单元、独栋到社区，有许多传统生活与意向可用。

后记

这本小书，是应台湾书局邀稿写的，并得到五年颁一次的“金书奖”。几点新版说明：

一、写的时候，想到要给小朋友看的，所以请二女儿小元当听众，实际操练出来。我问小学五年级的她，中国建筑你想听什么？然后，再加上我很想告诉她的，于是下午就开始。到了晚上 11 点多，她说爸爸我想睡了；于是，第二天早上接着讲，到中午就结束了。没翻书，没讲纲，就直说心里想教她的。她也适时地会发问、会批评。两女小时候我带她们郊游、旅行，也多半是看古迹。

后来书出版，台湾各小学每班两本，小元出了小名，但同学与她都不太在意。反而，有几位老师、家长来告诉我，这本书是很好的师生共读、亲子讨论书。

二、最意外的是：一位晚上在公司赶设计的小姐，读着读着，就想到乡下老家还住着四合院的祖父母，想到上两代亲人的心情，就理解怎么跟他们交流、沟通了。于是，写信去感谢出书的单位（见附一）。

三、我在中原建筑系教基本设计与中国建筑，研究深入后，有了感动当然想实际延续下去，做些新中国建筑的实例。在台湾，王大闳前辈建筑师，与陈其宽、张肇康等几位应是代表人物。我跟大闳先生是忘年交，设计、做人都受他影响。去年六月，郭肇立兄主编的《世纪王大闳》出版了，这里谨刊出我的几个设计（见附二），说明传承的意趣。后来，台湾建筑师不再把新中国建筑当责任，随着政治、市场起伏，渐渐失格忘本了。

四、怎么带小朋友参观古迹？体会带动，少讲道理，只注重概念理解会削弱领悟。孩子本来就准备懂的。

祝福已醒过来的大陆古迹，不被当摇钱树修坏，而是有尊严、有质地地延年益寿，被子孙重新保爱！

北京版权保护中心引进书版权合同登记 01-2019-5405

图书在版编目（CIP）数据

跟小元谈中国建筑 / 王镇华著 . -- 北京 : 新世界出版社 , 2020.8（2022.2 重印）
ISBN 978-7-5104-7097-4

Ⅰ . ①跟… Ⅱ . ①王… Ⅲ . ①建筑艺术—中国—少儿读物 Ⅳ . ① TU-862

中国版本图书馆 CIP 数据核字 (2020) 第 122264 号

跟小元谈中国建筑

作　　者：王镇华
策　　划：步印文化
责任编辑：贾瑞娜
特约编辑：王　蕊
责任校对：宣　慧
封面设计：海　凝
版式设计：张盼盼
责任印制：王宝根
出版发行：新世界出版社
社　　址：北京西城区百万庄大街 24 号（100037）
发 行 部：(010) 6899 5968　(010) 6899 8705（传真）
总 编 室：(010) 6899 5424　(010) 6832 6679（传真）
http://www.nwp.cn　http://www.nwp.com.cn
版 权 部：+8610 6899 6306
版权部电子信箱：frank@nwp.com.cn
印　　刷：北京盛通印刷股份有限公司
经　　销：新华书店
开　　本：710 × 1000　1/16
字　　数：100 千字　　印　张：6.5
版　　次：2020 年 8 月第 1 版　2022 年 2 月第 3 次印刷
书　　号：ISBN 978-7-5104-7097-4
定　　价：59.80 元